L'ÉQUARRISSAGE

DEVANT L'AGRICULTURE.

L'ÉQUARRISSAGE

DEVANT

L'AGRICULTURE

Par J. BALLAN

Equarrisseur de la ville de Bordeaux
et fondateur dans la Gironde de cette industrie.

BORDEAUX

TYPOGRAPHIE Vᵉ JUSTIN DUPUY ET COMP.

RUE GOUVION, 20.

1866

INTRODUCTION.

Nous sommes heureusement loin du temps où l'on se hâtait de faire disparaître les riches dépouilles laissées par les animaux. On ne se doutait pas que l'organisation animale, ne s'édifiant qu'à l'aide de matériaux empruntés à l'organisation végétale, les déchets qui en proviennent ne pouvaient renfermer que des substances utiles à la végétation, et devaient, par conséquent, constituer d'excellents engrais. Aujourd'hui, l'expérience a heureusement démontré le contraire, et partout où l'agriculture est en voie de progrès, les cultivateurs recueillent avec soin les matières animales, et savent leur accorder la faveur qu'elles méritent.

Comme le temps et les bras pouvaient parfois manquer en présence de nombreux animaux morts, on songea à créer des industries spéciales qui , tout en rendant des services signalés à la salubrité publique , devaient également procurer à l'agriculture des engrais d'une richesse exceptionnelle, qui, jusque là, avaient été à peu près perdus pour elle.

Paris commença d'abord , car une agglomération considérable d'animaux divers en fit une impérieuse et légitime nécessité. Les lois de l'hygiène la plus élémentaire le réclamait. C'est dans les plaines de Montfaucon que s'élevèrent les premiers clos d'équarrissage. Bien des imperfections furent inséparables de cette industrie naissante, surtout à une époque où l'on était loin de soupçonner tous les avantages que l'on pouvait en tirer.

Après de longues années, la ville de Paris , qui devait nécessairement marcher à la tête de tous les progrès , songea à changer cet état de chose ; et l'on vit alors s'élever le magnifique abattoir d'Aubervilliers, que nous avons eu l'avantage de visiter, et où tous les travaux de l'équarrissage s'exécutent de la manière la plus satisfaisante et la plus complète.

Bien des villes de France ont voulu imiter Paris ; elles ont réussi. Mais Bordeaux, on peut l'affirmer sans crainte, s'est montrée la digne rivale de son aînée , et nulle part, que nous sachions, on pourra nous montrer une industrie de ce genre plus en voie de progrès que dans nos contrées.

Tous les perfectionnements désirables y ont été apportés, et la salubrité publique est en toute sécurité. Notre conseil d'hygiène départemental a eu souvent l'occasion de le proclamer, et jamais, depuis vingt-cinq ans bientôt que nous nous occupons de ce genre de travail, nous n'avons eu à constater soit des décès, soit des épidémies provenant du fait même de cette industrie. Nous dirons plus et sans crainte d'être démenti, c'est que toutes les personnes que nous avons employées ont toujours joui d'une santé des plus florissantes.

Non seulement au point de vue de la salubrité générale les usines d'équarrissage sont de la plus grande utilité, puisqu'elles réunissent en un seul et même lieu des débris d'animaux qui, abandonnés au milieu des campagnes, engendreraient la peste et la mort, mais encore ces mêmes établissements peuvent être appelés les magasins de l'agriculture.

C'est là que cette dernière trouvera en très grande abondance et sous toutes les formes les engrais que réclameront les diverses cultures. C'est là qu'elle trouvera des richesses énormes d'*azote*, fournie par les chairs, le sang et autres débris. C'est là qu'elle trouvera en si grande abondance les sels terreux et alcalins si recherchés par les plantes ; les *phosphates de chaux et la potasse*, fournis par les os, les cornes , etc. C'est là que toutes les matières, après avoir subi cette fermentation indispensable à tout bon engrais , seront pour l'agronome intelligent une source intarissable où il pourra toujours compter sur la qualité et la quantité.

Au reste, dans les pages qui vont suivre, nous allons successivement parler des produits divers qui peuvent se rencontrer dans une usine d'équarrissage et qui ont une application soit industrielle, soit agricole. Ainsi, il sera facile de se rendre compte de la valeur et de la richesse de ces produits divers, et par suite, de la confiance qu'on doit leur accorder.

Dans un premier chapitre nous traiterons des travaux divers effectués dans les usines d'équarrissage ; dans un second, des produits de l'équarrissage au point de vue de l'industrie ; dans un troisième, de ces mêmes produits au point de vue de l'agriculture ; dans un quatrième, de la valeur de ces produits dans la fabrication des engrais; enfin dans un cinquième et dernier chapitre, de la fabrication, de l'emploi et de la vente de ces engrais.

Ces détails divers suffiront, pensons-nous, à convain-

cre les agriculteurs, surtout ceux qui avoisinent cet établissement et qui semblent l'ignorer, que là ils rencon-
treront, sous toutes les formes, les engrais les plus riches et les plus précieux.

CHAPITRE I.

Travaux divers des usines d'équarrissage.

L'une des causes de la prospérité toujours croissante
des usines d'équarrissage est sans nul doute leur intelli-
gente direction, mais c'est aussi le milieu où elles se
trouvent. Les marais à sangsues, de Bordeaux, où s'o-
pèrent, chaque année, des transactions atteignant plusieurs millions, attirent dans ces contrées et de tous les
points de la France, des quantités innombrables de chevaux qui servent à l'élève des sangsues. Ces malheureux
animaux, impropres à aucun travail, épuisés par de longues fatigues, viennent, dans un dernier épuisement,
donner la vie à des milliers d'annélides qui, plus tard,

rendront à l'homme d'immenses services. Ce procédé d'alimentation a paru parfois quelque peu barbare, mais les avantages qu'il procure doivent être tout d'abord pris en grande considération. Au reste, où trouverait-on les quantités de petits poissons, de grenouilles, de salamandres, de têtards que Moquin-Tandon, dans sa remarquable *Monographie de la famille des Hirudinées*, conseille de jeter dans les marais pour nourrir les sangsues. Faber se rapprochait plus du système actuel lorsqu'il conseillait de prendre du sang de mouton, de veau, de chèvre, ou de tout autre mammifère fraîchement tué, de le faire coaguler et de l'étendre sur des planches creusées au centre et entourées d'un petit rebord. Ces planches flottent sur l'eau et sont disposées pour qu'elles ne s'affaissent point sous le poids du caillot et des sangsues qui s'y rendront. Ce procédé est assez ingénieux, mais il est loin de valoir celui des animaux vivants. Quoiqu'il en soit du procédé employé et que nous n'avons pas à discuter ici, nous dirons donc que les chevaux amenés dans ces marais, après être tombés d'épuisement, sont conduits dans les usines d'équarrissage, et là deviennent l'objet d'une industrie nouvelle.

Après avoir été dépouillé de leur peau avec la plus grande précaution possible, afin que ce premier produit ne perde pas de sa valeur, valeur relativement assez considérable, les cadavres sont introduits tout dépécés dans de vastes chaudières remplies d'eau et chauffées ensuite jusqu'à l'ébullition. Lorsque la coction est accomplie, le contenu des chaudières a gagné de la consistance, et l'on y distingue aisément trois couches superposées dans l'ordre de leur densité. La première couche, composée de graisse, est enlevée à l'aide de cuillers et mise à part, car elle est propre à différents usages industriels et dont nous parlerons plus loin. La couche moyenne est constituée par la gélatine, au-dessous de laquelle se rencontre la chair musculaire cuite, associée à des proportions variables de sang. Au moment de l'extraction des chaudières, la chair se sépare des os avec la plus grande facilité. On l'isole donc, et, après l'avoir déséchée, soit à l'air libre pendant l'été, soit à l'étuve pendant l'hiver, on la conserve dans des endroits secs pour la préparation ultérieure des engrais.

Dans ces derniers temps, le procédé que nous venons de décrire a subi une importante modification. Un courant de vapeur a été substitué à l'eau bouillante, et ce mode de cuisson est devenu, à tous les points de vue, beaucoup plus économique que le précédent. Vingt-cinq à trente chevaux peuvent ainsi, et dans d'immenses cuves en bois, atteindre leur degré de cuisson dans l'espace de douze heures environ.

L'extraction de la graisse, par ce procédé, n'est pas aussi complète, mais lorsqu'on doit opérer la cuisson d'animaux exceptionnellement gras, comme des bœufs ou des chevaux morts d'accidents, on se sert de l'ancien système, c'est-à-dire de la chaudière autoclave.

Par le procédé de l'ébullition, la chair perd une partie notable des matières solubles qu'elle renferme, mais elle acquiert en place des propriétés compensatrices de conservation qu'elle ne pouvait avoir à l'état de crudité. Au reste, ces sels précieux ne seront pas perdus et nous les retrouverons dans les bouillons qui devront servir à la fabrication des composts et à l'arrosage des prairies.

Les os débarrassés des chairs se dessèchent peu à peu à l'air libre jusqu'à ce que le temps permette de les carboniser.

Les tendons ayant aussi une destination spéciale pour les fabriques de gélatine, sont réunis jusqu'à possibilité d'une expédition un peu considérable.

Les crins vont chez les tapissiers et les marchands de crins, où ils subissent diverses préparations, et les sabots servent à la fabrication des peignes.

Les intestins, encore remplis de matières non absorbées, servent à la fabrication immédiate des fumiers, leur cuisson ne donnant que peu d'avantage.

C'est ainsi que l'industrie plus éclairée et mieux dirigée a su tirer partie de produits que, dans un temps encore assez rapproché de nous, on se hâtait de détruire sans aucun profit.

CHAPITRE II.

Emploi dans l'industrie des divers produits de l'équarrissage. — Peaux, crins, cornes, os, graisse sang, chair, etc.

La peau du cheval a une valeur assez importante pour la tannerie; elle est livrée à cette industrie soit à l'état vert ou à l'état sec; mais aussitôt qu'elle est levée, elle est étendue sur un sol propre et reçoit une forte couche de gros sel qui, au moment des fortes chaleurs surtout, assurera sa conservation.

Une peau pèse ordinairement de 16 à 20 kil., et est vendue soit au poids, soit à la pièce. La peau qui provient du cheval qui nourrit les sangsues a moins de valeur à cause des trous sans nombre produits par les piqûres.

Les crins. Chaque cheval peut fournir pour 50 centimes environ de ce produit. On en trouve facilement le placement et dans d'assez bonnes conditions chez les tapissiers et marchands de crins.

Les sabots. Ce dernier article, recherché par les fabricants de peignes, a perdu beaucoup de sa valeur depuis l'introduction du caoutchouc dans nombre d'industrie. Les sabots valent, à l'état sec et désossés, de 8 à 10 fr. les 100 kil. Les sabots d'un cheval sont estimés *dix centimes.*

Les tendons, cordons ou faisceaux fibreux plus ou moins longs, sont livrés aux fabricants de gélatine ou colleforte. Chaque cheval peut en fournir pour 25 centimes environ.

Les graisses et les huiles. Nous avons vu précédemment que, lorsque la cuite s'opérait dans les chaudières, la graisse, qui se trouvait en plus ou moins grande quantité dans les animaux soumis à la cuisson, venait surnager à la superficie. Ces graisses, recueillies avec soin, ont une certaine valeur pour l'emploi des machines, et se vendent jusqu'à 100 fr. les 100 kilog.

L'huile de cheval, extraite de ces graisses, et qui remplace presque toujours l'huile de pied de bœuf, sert spécialement pour oindre et ramollir les vieux cuirs. Cette huile se vend 120 fr. les 100 kilog.

Les os. Longtemps délaissés, les os, convertis en charbon animal à l'aide de la carbonisation en vase clos, sont employés dans la raffinerie pour la clarification des sucres, sur la plus grande échelle. Aussi, leur prix a-t-il été en augmentant successivement.

Ils fournissent également en se décomposant dans les cornues tous les produits provenant de la distillation des principes immédiats azotés, c'est-à-dire des gaz inflammables, beaucoup d'huile empyreumatique, très colorée et très fétide, et un liquide riche en sels ammoniacaux.

On extrait aussi, d'après le procédé de Darcet, la gélatine qui forme à peu près la moitié du poids des os. Des expériences des plus convaincantes prouvent que les os peuvent conserver leur principe gélatineux plusieurs milliers de siècle (1).

(1) Le tissu cellulaire extrait des os, ou la *gélatine brute* du commerce, peut, *dit M. Girardin dans sa Chimie industrielle*, se conserver fort longtemps sans altération et beaucoup mieux que lorsqu'il a été converti en gélatine soluble. Les faits suivants démontrent combien la matière animale des os est susceptible d'une longue conservation. Les os d'hommes et d'animaux qu'on tire des catacombes de l'Egypte, renferment encore, après 3,000 ans, tout le tissu cellulaire qui leur est propre. M. Gimbernat ayant traité par l'acide chlorydrique faible des fragments d'os fossiles du *mammouth*, *de l'Ohio et de l'éléphant de Sibérie*, animaux qui, selon Cuvier, sont morts depuis plus de 4,000 ans, parvint à en extraire la substance

Les os, outre les diverses applications dont nous venons de parler, servent encore à l'extraction du phosphore, et à la fabrication du bleu de Prusse.

Il y aurait encore beaucoup à dire sur tous les avantages que l'industrie pourrait retirer des produits énoncés dans ce chapitre : tels que l'extraction de l'albumine du sang, de la transformation des matières animales en sels divers ou en acide oxalique, comme l'a démontré M. John Chastelaz, chimiste de Paris, à la dernière exposition de Bordeaux où un diplôme d'honneur lui fut accordé.

Le dernier mot n'est pas encore dit relativement à ces produits, car tout dernièrement encore, M. Moride, savant distingué dont la ville de Nantes s'honore à juste titre, et que l'Institut de France compte parmi ses lauréats, nous faisait connaître qu'il avait découvert un procédé des plus avantageux et des plus économiques pour la conservation des matières animales fraîches ou cuites, et en particulier le sang.

Ces questions industrielles auraient un grand intérêt;

animale dont il put former la gélatine. Celle-ci de même nature que celle obtenue des os frais de boucherie, fut mangée à la table du préfet de Strasbourg, où pour la première fois sans doute dans notre siècle, on se nourrit d'une matière animale qui existait avant le déluge. Cec ise passait en 1814.

mais ici, nous n'avons à nous occuper que de ces produits au point de vue de l'agriculture, et c'est ce que nous allons spécialement faire dans les chapitres qui vont suivre.

CHAPITRE III.

Les produits de l'équarrissage au point de vue de l'agriculture.

Les agriculteurs admettent aujourd'hui, et avec raison, que les débris d'animaux sont les meilleurs engrais, en ce sens que, parmi les éléments de la nutrition végétale, ce sont ceux qui nulle part ne se rencontrent en excès, ni même en quantité suffisante dans les terres cultivées. Ces substances diffèrent des matières d'origine végétale, surtout par les proportions des produits azotés facilement putrécibles et décomposables en gaz ou matières solubles propres à la nourriture des plantes; or, les plantes ne peuvent s'assimiler que des produits solubles ou gazeux, et la nécessité des matières azotées dans leurs aliments, se trouve démontrée par la composition même des plantes et de la sève.

Les sources d'azote ne peuvent se trouver plus abondantes et plus vraies que dans les clos d'équarrissage, ainsi

2

que les autres éléments importants des engrais. C'est ce que nous allons démontrer en étudiant successivement les propriétés fertilisantes de tous les produits dont nous trouvions précédemment une application à l'industrie.

La chair. — La chair ou fibre musculaire, d'après Fourcroy et Thénard, principalement composée de fibrine, contient de l'albumine, de la gélatine, du phosphate de chaux et de soude et du carbonate de chaux.

Berzelius, Braconot et Schlossberger ont fait des analyses qui s'accordent à peu près toutes entre elles.

A l'état normal, la chair musculaire contient environ les trois-quarts de son poids d'eau; à l'état de dessiccation marchande elle en renferme encore 8 à 9 p. 100. Cet engrais titre 130 d'azote p. 1,000.

M. de Gasparin fait observer, et avec raison, que c'est un des engrais dont l'azote coûte le moins cher.

M. Soubeiran a soumis à l'analyse la viande de cheval cuite à la vapeur sous une pression supérieure à 760 millimètres de mercure, dans l'établissement d'Aubervilliers, à Paris.

La viande éprouve par ce mode de cuisson, mais c'est inévitable, une sorte de lavage qui la dépouille de la majeure partie des sels solubles qu'elle renferme. Il a trouvé dans cette viande, telle qu'elle est livrée au commerce :

Matière animale	84 8
Phosphate de chaux	2 4
Matière terreuse.	2 8
Eau	10 0
	100 0

Cette viande, comme nous le disions plus haut, contenait 13 p. 100 d'azote.

Nous devons dire que souvent nous avons fait analyser des chairs provenant de notre établissement, mais jamais ce titre n'a été obtenu. Quelle en est la cause? nous l'ignorons. Aussi, pour éviter toute discussion, nous avons cru être dans la vérité en ne garantissant que 11, moyenne plus généralement obtenue.

La chair ainsi préparée est infiniment moins altérable que la chair fraîche ; elle se décompose avec lenteur et, conséquemment, apporte au sol une fertilité plus durable, partant plus en rapport avec les exigences de la végétation.

Sang. — « Le sang des animaux peut aussi être utilisé comme engrais, et même c'est l'un des plus énergiques que l'on connaisse, lorsqu'il a été préalablement desséché.

» Le sang, à l'état normal, est composé de deux parties principales, qui se séparent orsqu'on abandonne celui-ci à lui-même pendant quelques heures :

» 1° Le sérum, matière liquide jaunâtre, plus ou moins colorée, qui en constitue à peu près les neuf dixièmes ;

» 2° La fibrine et les globules, qui en forment environ le dixième.

» La fibrine perd .75 pour 100 de son poids par la dessiccation, et la matière sèche contient 199,3 d'azote pour 1,000, et des traces de sels alcalins.

» Le sérum perd environ 90 pour 100 d'eau par la dessiccation, et la matière sèche est formée d'environ 76 pour 100 d'albumine (1) et 24 pour 100 de sels alcalins, contenant ensemble 157 d'azote pour 1,000.

» Si, par la dessiccation, le sang ne perdait que de l'eau, il devrait donc renfermer de 180 à 187 parties d'azote pour 1,000. M. Payen a trouvé, par l'analyse directe du sang sec, 170 d'azote.

» La moyenne des analyses de sang de diverses espèces d'animaux donne de 725 à 850 millièmes d'eau ; et la partie organique contient moyennement environ :

527 de carbone.	189 d'*azote*.
00 d'hydrogène.	224 d'oxigène.

(1) Substance analogue an blanc d'œuf.

» D'après M. Nasse, sur 1,000 parties en poids,

Le sang de poule contient :		8,6	
— de veau	—	8,2	
— de cochon	—	8,0	
— d'homme	—	8,0	
— de chat	—	7;9	
— de chèvre	—	7,9	
— de brebis	—	7,9	
— de cheval	—	7,8	
— d'oie	—	1,4	
— de chien	—	7,2	
— de bœuf	—	7,0	
— de lapin	—	6,6	

de matières salines, phosphates alcalins, sulfates (principalement du sulfate de soude), carbonates alcalins, chlorures (principalement de sodium), oxide de fer, chaux, magnésie, faible trace de silice.

» Les plus riches en phosphates sont ceux de cochon, d'oie, de veau et de poule.

» Les plus riches en chlorures de potassium et de sodium sont ceux de poule, de chat, de chèvre et de brebis.

» M. Soubeiran a trouvé, dans un échantillon marchand de sang préparé dans l'établissement d'Aubervilliers, reçu dans des cuves et coagulé par un courant de vapeur, puis desséché à l'air :

Eau	170	0
Matières animales	780	0
Phosphate des os	3	3
Sels divers et matières terreuses.	46	7
	1,000	0

» A l'état marchand, il contenait 150 millièmes d'azote; désséché à 100°, il en contenait 180 millièmes. » (1)

Os. — « Les os, à l'état frais, sont constitués par un tissu cartilagineux, des matières minérales en très fortes proportions et des substances grasses.

» D'après M. Boussingault, les os du porc séchés à l'air présentent la composition suivante :

Cartilage et humidité.	46 6
Phosphate de chaux.	49 0
Phosphate de magnésie	2 0
Carbonate de chaux.	1 9
Sels alcalins.	0 5
	100 0

	De l'homme	Du bœuf.
Cartilage soluble dans l'eau bouillante	33 3	33 3
Phosphate de chaux.	53 0	57 4
Carbonate de chaux.	11 3	3 8
Phosphate de magnésic.	1 2	2 0
Sels alcalins.	1 2	3 5
	100 0	100 0

» Des os de poisson, analysés par M. Chevreuil, ont fourni :

(1) *Chimie agricole*, par J. I. Pierre, page 367 et 368.

Cartilage et humidité.	43	7
Phosphate de chaux.	48	0
Carbonate de chaux.	5	5
Phosphate de magnésie	2	2
Sels alcalins.	0	6
	100	0

» Ces analyses montrent que les os de tous les animaux n'offrent pas une constitution identique ; il y a plus : c'est que, dans une même espèce, la proportion relative des différents éléments varie suivant l'âge des individus et la région du corps à laquelle appartiennent les os. Quoi qu'il en soit, on constate toujours la présence d'une forte proportion de matières minérales, notamment du phosphate de chaux, qui est la substance dominante et y entre fréquemment pour environ 50 pour cent ; au surplus, les os sont constitués, on le voit, de manière à mettre à la disposition des plantes, en même temps que des matières minérales, des substances organiques en assez forte proportion. Reste à savoir si l'efficacité des débris osseux, attestée depuis longtemps par des faits irrécusables, doit être attribuée à ces derniers ou rapportée aux éléments minéraux. A cet égard, différentes opinions, diverses théories ont été émises, mais aujourd'hui les divergences cessent, et, sans nier que la partie cartilagineuse des os puisse fournir des ressources à l'alimentation des plantes, on s'accorde à admettre que le rôle essentiel appartient aux matières inorganiques. En présence des faits, il serait, du reste, difficile de ne pas se rallier à cette manière de voir. En effet, on a constaté que les os qui ont servi à la fabrication de la gélatine, que ceux qui proviennent des savonneries, et conséquemment ont été dépouillés de leur cartilage et des substances grasses contenues dans leurs parties celluleuses, peuvent être avantageusement employés comme engrais. Aussi bien, la partie minérale fournit aux plantes un élément précieux, indispensable à leur complet développement, et dont la nature s'est montrée avare dans les terres arables : c'est le *phosphore*, l'un des constituants des phosphates, dont les os renferment environ la moitié de leur poids.

» Les phosphates se rencontrent en quantités variables dans les plantes, et l'on peut considérer comme démontré que toutes les graines en renferment des quantités notables. Au reste, où les animaux herbivores prendraient-ils les matériaux de leur charpente s'ils ne les rencontraient dans les végétaux qui forment leur unique nourriture ?

» L'idée d'utiliser les débris de la charpente osseuse

des animaux comme engrais n'est pas nouvelle, mais ce n'est guère que depuis le commencement du siècle que leur emploi à cet usage a pris du développement. En Angleterre, leur application a reçu, de nos jours, une extension considérable. Au reste, il y a plus de quarante ans que nos voisins d'outre-Manche importent annuellement des quantités d'os très-fortes pour les besoins de leur agriculture.

» Dans la seule année 1822, rapporte M. Isidore Pierre, l'Angleterre tira de l'Allemagne plus de trente millions de kilogrammes d'ossements recueillis, en partie, sur les champs de bataille des dernières guerres.

« En 1825, il a été expédié du seul port de Rostock (duché de Mecklembourg) plusieurs millions de kilogrammes d'os de bœufs et autres amimaux pour les manufactures de Hull.

» Un journal de Copenhague disait, en 1829, que le commerce des os pouvait rapporter au Danemark et aux duchés danois un million de francs.

» Dans plusieurs cantons de l'Angleterre, dit Puvis, on regarde l'emploi des os sur le sol comme la plus belle découverte de l'agriculture moderne.»

Actuellement, on n'évalue pas à moins de cinquante millions de kilogrammes la quantité d'os annuellement importés dans la Grande-Bretagne, et qui viennent s'ajouter à la production intérieure, laquelle est considérable, car on sait que la viande de boucherie forme la base de l'alimentation du peuple anglais.

On voit que nos voisins apprécient hautement la valeur des os comme engrais ; malheureusement, nous n'en sommes pas encore là. Cependant, que l'on y songe, leur emploi est une nécessité, nécessité qui, chaque jour, deviendra plus impérieuse, attendu que les os restituent au sol un élément indispensable aux plantes et aux animaux, et d'autant plus précieux que les terres arables n'en renferment généralement que de faibles quantités (1).

Cornes, sabots, ongles, etc. — Les substances cornées nous offrent une grande analogie de composition avec celle des os ; elles en diffèrent par une plus forte proportion de matières organiques, et par une constitution minérale moins complexe.

Une analyse faite par M. Norton, dans le laboratoire

____

(1) Davy attribuait la stérilité de quelques-unes des parties de l'Afrique septentrionale, de l'Asie Mineure et de la Sicile, qui furent si longtemps les greniers de l'Italie, à l'épuisement des phosphates, par suite d'une longue exportation de blé du sol de ces contrées, sans restitutions convenables de ces principes indispensables à la bonne venue du froment.

du docteur Johnston, leur assigne la composition suivante :

Eau	40 31
Phosphate de chaux et de magnésie. .	46 14
Carbonate de chaux.	7 71
Gélatine (matière organique).	35 84
	100 00

Cette analyse, à elle seule, suffirait pour nous éclairer sur la valeur des débris de corne employés comme engrais ; mais l'expérience a, depuis longtemps déjà, prononcé à cet égard. Dans les lieux où il y a des tourneurs d'os et de corne, et des peigniers, dit Schwertz, leurs déchets fournissent un engrais dont les effets surpassent tous les autres. Dans les campagnes, ces ouvriers mêlent ordinairement leurs déchets avec du fumier et les emploient à engraisser leurs pommes de terre. Les paysans, qui connaissent les propriétés de cet engrais, leur abandonnent volontiers la jouissance gratuite d'un champ pour une année, à la condition d'y cultiver ainsi des pommes de terre, sachant très bien que les récoltes suivantes, pendant plusieurs années, paieront largement le prix de location.

Les substances de nature cornée offrent les mêmes

inconvénients que les os : douées d'une grande dureté, elles sont difficilement altérables par les agents naturels dans leur état d'intégrité, et conséquemment agissent avec lenteur. On active leur action fertilisante, de même que celle des os, en les amenant à un état de division convenable ; mais la cohésion de ces matières rend naturellement l'opération difficile.

Du reste, ce n'est guère dans leur état d'intégrité qu'elles peuvent entrer dans nos fermes ; elles sont alors propres à la confection d'une foule d'objets et recherchées par différentes industries, ce qui leur donne une valeur qu'elles n'atteindraient pas si l'agriculture pouvait en tirer parti. Mais dans les localités où il y a des tourneurs de cornes, des peigniers, des tabletiers, etc., les cultivateurs peuvent se procurer des déchets d'une grande richesse, et ils doivent soigneusement les recueillir. On obtient alors les débris de corne sous forme de râpures, et dans un état de division qui permet de les utiliser immédiatement et de les répartir uniformément à la surface du sol.

Les râpures de cornes paraissent fournir des résultats avantageux dans tous les terrains. On les emploie ordinairement aux mêmes doses que les os en poudre, et l'on peut compter sur une durée à peu près analogue. Les fermiers anglais en appliquent fréquemment deux mille kilogrammes, et au-delà, par hectare.

En Chine, suivant Johnston, la population tout entière se fait raser la tête tous les dix jours ; on garde les cheveux qui proviennent de cette tonte, et, dans tout l'empire chinois, on les livre au commerce pour servir d'engrais. Une semblable pratique témoigne suffisamment de l'importance que les cultivateurs du Céleste Empire accordent aux débris de la chevelure et autres.

CHAPITRE IV.

De la valeur des produits de l'équarrissage dans la fabrication des engrais.

L'étude que nous avons précédemment faite démontre quel rôle important les produits si divers et si multiples de l'équarrissage jouent dans la fabrication des engrais.

Tout d'abord, les chairs et le sang nous fournissent le premier et l'indispensable des éléments, l'*azote*.

Sans doute, nos savants ont beaucoup, ces temps der-

niers, disputé sur la plus ou moins grande valeur de l'a-
zote ; sur sa présence nécessaire pour assurer la prospérité de la plante ; on dispute encore et on disputera toujours, tant que l'homme ne pourra pénétrer les secrets
de la nature. Qu'il nous suffise de dire ici que l'expérience,
la meilleure règle à suivre en fait d'agriculture, a démontré
jusqu'à présent que la plante ne pouvait pas vivre sans
azote, pas plus que l'animal sans nourriture. Au reste,
si à l'expérience nous joignons l'autorité de la science,
nous verrons que M. Payen, dans sa *Chimie industrielle,*
dit : « Les matières organiques azotées sont indispensables à la nutrition des plantes : presque toujours insuffi-
santes dans le sol où elles ne sont jamais en excès, elles
doivent surtout être recherchées dans les engrais. »
M. Malaguti, auquel la science agricole moderne devra
beaucoup, a proclamé dans ses écrits l'importance de ce
principe. Boussingault et Gasparin l'ont aussi reconnu.
Après de pareilles autorités, l'industrie connaît la mar-
che à suivre, et il serait téméraire et même préjudiciable
de vouloir s'en écarter. Aussi, tous les engrais qui sor-
tent de notre établissement titrent-ils des doses d'azote
suffisantes pour les cultures auxquelles ont veut les ap-
pliquer. Nous avons dit que les chairs et le sang étaient
très riches en azote ; dès lors, puisque nous les avons à

notre disposition, et surtout dans des conditions d'assimilation exceptionnelle, on comprendra sans peine que nos produits doivent en être riches.

La chair et le sang, dit M. Payen, constituent un des plus riches engrais, mais il est fâcheux que ces produits soient plus appréciés dans les colonies où ils servent à fertiliser les champs de cannes à sucre. Nous recevons en place un engrais à peu près équivalent : le guano; et ainsi, les deux engrais se croisent en route. Funeste préjugé qui nous porte à donner toujours une plus grande valeur aux produits étrangers.

A côté de *l'azote*, nous devons mettre *les phosphates*.

Le phosphate de chaux, qui fait partie de la charpente osseuse des hommes et des animaux, et celui qui se trouve dans toutes les parties du corps des uns et des autres, vient de la même source. Les végétaux le prennent au sol ; l'homme et les animaux le prennent aux plantes et le restituent plus tard à la terre. « On ne peut voir sans admiration, pour la simplicité sublime de toutes ces lois de la nature, que les animaux empruntent toujours ces éléments aux plantes elles-mêmes (1). »

(1) Dumas et Boussingault, statistique chimique des êtres organisés.

Toujours nous retrouvons le même mouvement perpétuel et la même loi universelle : une dans ses moyens, simple dans ses effets, immense dans ses résultats.

Le phosphate de chaux est donc l'un des éléments nécessaires de la végétation. Aucun engrais, quelle que soit d'ailleurs sa valeur, ne saurait être complet et suffisant , s'il manque de ce sel important.

Outre le phosphate de chaux des os, on emploie aujourd'hui des phosphates de chaux trouvés dans la nature, et que l'on appelle *Coprolythes*, car on croit que ces nodules proviennent d'excréments de grandes races d'animaux disparues de la surface de la terre à l'époque du déluge.

La France possède les gisements les plus considérables de ces phosphates, dont la découverte est assez récente, et qui pourra peut-être, dans un moment donné, rendre à l'agriculture les plus importants services. « C'est ainsi que la Providence a mis en réserve , dans son économie solidaire et admirable de la création , des trésors inépuisables qui semblent attendre , pour se révéler, que la civilisation et le progrès permettent d'en profiter. » (1)

Les bouillons. — Les bouillons gélatineux proviennent

(1 C. E. Royer. *Statistique agricole de France*, p. 64.

du dégraissage des os et résultent de la cuisson des animaux d'abattage. Dans une usine importante, où il passe tous les ans près de 4 à 5,000 têtes, on comprend qu'il doit s'en produire des quantités assez considérables.

Ces bouillons, contenant ordinairement en moyenne de 4,50 à 5 p. 100 de matières extractives, contiennent une certaine quantité d'azote et tous les sels renfermés dans la viande, et qui ont été dissous par l'ébullition.

M. Rohart, dans son *Guide de la fabrication des engrais,* ouvrage qui a une certaine importance, dit que le bouillon lui a rendu en moyenne 4,65 p. 100 de matières extractives, dosant 14,26 p. 100 d'azote, soit par hectolitre de bouillon, pris au sortir de la chaudière, 0,668 d'azote. Nous ajouterons, bien que les bouillons soient très riches en toute sorte de matière nutritive, comme l'expérience l'a souvent démontré, nous ne tairons pas que les chiffres de M. Rohart nous paraissent un peu exagérés. Nous reviendrons plus loin sur l'emploi du bouillon, et de son utilité pour la fabrication des composts.

C'est donc avec ces produits sur lesquels nous venons de nous entretenir que nous fabriquons les engrais divers que nous livrons à l'agriculture ; seulement, comme il ne nous serait pas toujours possible de livrer ces matières telles que nous les produisons, parce que le prix en serait beaucoup trop élevé, nous nous servons d'un adjuvant contre lequel on a beaucoup réclamé, parce que l'on n'en connaissait ni la valeur ni l'importance, nous voulons dire *la tourbe.*

Et d'abord, si nous voulons nous en rapporter aux analyses de MM. Moride et Bobière, de Nantes, et qui ont fait sur le sujet qui nous occupe des recherches importantes, nous verrons que ces produits contiennent une certaine quantité d'azote.

Tourbe de Montoir (Loire-Inférieure)...........	0,56 p. 100 d'azote.	
— Saumur (Maine-et-Loire)............	0,65	—
Tourbe de mer de Kérouan (Finistère).........	1,70	—
Tourbe de Vulcaire, près Abbeville (Somme).	2,09	—
Tourbe de Mennecy (Seine-et-Oise)............	2,40	—

Par son alliance aux engrais azotés, la tourbe, dit M. A. Puvis, (1) peut offrir de grands avantages à la végétation. Les tourbières desséchées donnent assez souvent des sols d'excellentes qualités... La France n'a pas de jardins plus productifs que ceux de *Hortillons*, d'Amiens, établis sur des terrains tourbeux, les jardins de Paris, et ceux d'*Eysines,* près Bordeaux.

(1) Traité des amendements.

M. Girardin pense également que l'on a beaucoup trop négligé les avantages que l'on peut tirer de la tourbe en agriculture.

M. E. Soubeiran, qui a spécialement étudié l'action de la tourbe considérée comme engrais végétal, écrit : « l'humus extrait de la tourbe a les mêmes propriétés que l'humus du terreau. J'ai trouvé à la tourbe le même pouvoir conservateur qu'au terreau. »

Voici l'opinion de M. Bobière, prise dans l'ouvrage qu'il a publié jadis avec M. Moride : « La tourbe doit concourir, lorsqu'elle est convenablement mélangée, à produire d'excellents engrais. Les matières organiques sont disposées dans la tourbe d'une manière telle que sous l'influence d'un alcali, l'ammoniaque, par exemple, elles acquièrent un état de solubilité des plus remarquables. La même action se passe lorsque dans la pratique agricole on stratifie la tourbe avec la chaux vive. Dans l'un et l'autre cas, on rend assimilables les éléments à base de carbone qui constituent la tourbe ; sous l'influence des mélanges qu'on lui fait subir avec des matières fermentescibles, ses pores se distendent, ses portions non désagrégées se divisent ; cette même tourbe qui, de prime abord, tout impropre à la végétation, devient par cela même, et surtout en présence de l'ammoniaque de matières animales, un adjuvant des plus précieux lorsqu'il est employé avec discernement dans l'amélioration des sols. »

M. de Gasparin dit que pour tirer parti du carbone surabondant de la tourbe, il suffit d'associer celle-ci à des substances azotées ; le principal effet de cette manipulation est de convertir la tourbe en terreau doux, propre à alimenter les plantes de carbone dans les terres qui en manquent.

Enfin, M. Malaguti, dont un récent décret a récompensé les savants travaux en l'appelant au rectorat même de l'Académie où il professait, disait, dans ses excellentes leçons de Chimie agricole : « Quand on pense que vu son état spongieux, nulle matière n'est comparable à la tourbe pour la faculté absorbante ; qu'elle est une source immédiate et très riche d'humus ; que, vu sa texture lâche, elle n'exige pas une grande dépense de force pour être divisée et amenée à l'état convenable ; qu'enfin elle contient souvent plus d'azote que le fumier frais, on a lieu de s'étonner qu'on ne l'ait pas mieux utilisée en agriculture qu'on ne l'a fait jusqu'à présent. »

Nous avons cité assez d'autorités ; l'expérience, d'un autre côté, nous l'a assez amplement démontré : la tourbe a une très grande valeur pour les composts ; nous conti-

nuerons donc à l'employer dans les conditions qui nous
sembleront les meilleures et les plus avantageuses.

CHAPITRE V.

Fabrication, emploi et vente des engrais.

Ou nos engrais sont fabriqués de toutes pièces , c'est-
à-dire que l'on peut employer les produits tels qu'ils
sont fabriqués, ou ils peuvent servir à préparer d'autres
engrais.

Ordinairement , aucun des produits dont nous avons
parlé ne peut constituer à lui seul un engrais complet. Il
faut souvent un mélange qui ne s'opère bien qu'à l'aide
d'une préparation spéciale.

La chair, desséchée et pulvérisée, en combinaison avec
les os, également réduits en poudre, constituent l'un des
engrais les plus riches que l'industrie puisse produire. Cet
engrais, sous tous les rapports, est bien supérieur aux gua-
nos péruviens, et il est fâcheux, nous ne cesserons de le

répéter, qu'un semblable engrais, au lieu de féconder les sols de la France ; aille en pays étranger servir pour la plantation des cannes à sucre. En échange, on nous envoie le guano que l'on paie 30 et 35 fr. les 100 kilog., lorsque l'engrais fabriqué dans nos usines d'équarrisage peut facilement se donner pour 25 fr. les 100 kilog.

Cet engrais, spécialement destiné aux grandes cultures , celles qui rapportent le plus , serait trop cher pour d'autres applications, telles que le jardinage , la prairie , etc., etc. Car un grand principe et une grande loi de l'agriculture veulent que toujours la dépense soit calculée d'après le revenu.

C'est pour subvenir à ces exigences, pour seconder les besoins des petites cultures que nous avons songé à fabriquer des engrais spéciaux , des composts riches en tous les principes fertilisateurs et pouvant néanmoins se donner dans des prix abordables.

Pour beaucoup d'agriculteurs, les composts sont purement des mélanges, sans préparation aucune. Aussi, arrive-t-il souvent que la plupart de ces prétendus engrais échouent et ne donnent aucun résultat. Il faut à tout prix que la masse passe par toutes les phases d'une fermentation naturelle, dont l'effet principal est de déterminer un arrangement particulier que nous sommes impuissants à produire artificiellement , exactement comme si nous voulions faire du vin avec tous les éléments qui le constituent , sans tenir compte des puissantes et invariables combinaisons de la nature.

C'est principalement dans les usines d'équarrissage que sont réunies toutes les conditions désirables pour confectionner les composts.

Les matières animales dissoutes par l'effet d'une pourriture lente, se décomposent suivant la loi naturelle à laquelle elles sont toutes soumises, et se convertissent nécessairement en composés amoniacaux-gazeux , qui se répandraient en pure perte dans l'atmosphère, si la porosité des corps avec lesquels ils sont en contact, et notamment l'humus, la tourbe, le charbon ne s'y opposaient, et si des ingrédients spéciaux ne venaient fixer l'azote en se transformant d'un sel dans un autre.

C'est sous la double influence de la chaleur et de l'humidité que s'opère le plus souvent la désagrégation, la dissolution des matières qui, mises dans le sol sans cette préparation , auraient été complètement nulles. C'est ainsi que s'opèrent à l'infini les décompositions, les combinaisons nouvelles, les arrangements nouveaux et les changements d'état qui sont indispensables à la qualité des engrais.

La puissance de fermentation est augmentée dans nos usines par les quantités de bouillon que nous avons à notre disposition qui provient de nos cuites, et que les agriculteurs ne savent pas apprécier. Sans doute, ces bouillons ne sont pas d'un usage pratique pour ceux qui sont éloignés : mais ceux qui sont aux environs des usines, trouveraient dans l'emploi de ces bouillons pour l'arrosage des prairies ou pour la fabrication des composts, des avantages incalculables.

Déjà, quelques propriétaires semblent comprendre les trésors qui sont près d'eux, et des prairies, que nous avons connues presque stériles, donnent, depuis l'emploi de ces liquides en arrosage, des récoltes supérieures. Espérons que cet exemple sera suivi et que ce sera près de chez soi et non pas au loin que l'on ira chercher à grands frais l'abondance et la fertilité qui se trouvent à la porte.

Les engrais que nous fabriquons et qui ont pour base tous les débris qui, forcément, se rencontrent dans le genre d'industrie que nous avons innové à Bordeaux ; ces engrais, disons-nous, sont depuis douze à treize ans environ recherchés par tous les maraîchers qui habitent autour de mon usine. Ils ont reconnu, et avec raison, que, dans cet engrais, ils trouvaient un puissant auxiliaire du fumier, qui, le plus souvent, leur revient bien plus cher que le produit que nous leur fournissons. Ils ont reconnu et ils reconnaissent encore que, pour le chou, la pomme de terre et d'autres cultures de ce genre, les avantages étaient aussi réels que considérables. Aussi les quantités que nous expédions journellement disent beaucoup plus que tout ce que nous pourrions avancer.

Désirant donner plus de développement encore à notre industrie, nous avons songé à varier la fabrication de nos engrais, de manière à satisfaire plus spécialement les différentes cultures. C'est ainsi que, pour les céréales, nous nous sommes appliqué à créer un engrais où dominât le phosphate de chaux. Sans cet élément, il est impossible d'espérer une récolte de grains présentant toutes les qualités requises.

La vigne est, comme on le sait, la grande culture de nos contrées ; un engrais spécial devait lui être réservé. On sait que c'est une plante dont la vie et les habitudes ne sont pas celles des autres. La vigne, pour donner de bons vins, semble choisir les plus mauvais terrains ; mais comme les mauvais terrains agissent plutôt d'une manière mécanique, il faut aussi à la vigne l'élément vital, c'est-à-dire l'engrais.

Les prairies ont été également l'objet de notre attention, et un engrais a été fabriqué pour elles. C'est à l'occasion surtout de la prairie, que nous recommandons *les bouillons* provenant de nos cuites d'animaux et qui sont si riches en sels extractifs de tout genre, ainsi qu'en azote. C'est aux voisins surtout de notre établissement que nous conseillerons d'user de ce puissant et fertilisant engrais. Nous-même avons fait maintes fois cette expérience, et nous pouvons attester avec tous ceux qui l'ont vu, que des prairies presque délaissées et venant sur les terrains les plus pauvres, ont donné, à la suite d'arrosages par le bouillon, des récoltes inespérées.

TITRE, PRIX ET EMPLOI DE NOS ENGRAIS.

ENGRAIS POUR JARDINAGE.

Azote............................. 2 à 3 p. 100
Phosphate de chaux............. 2 à 3   »

Prix : 3 fr. les 50 kilog.

ENGRAIS POUR PRAIRIES (600 kil. à l'hectare).

Même titre que l'engrais pour jardinage.

Prix : 3 fr. les 50 kilog.

Engrais pour céréales (500 kil. à l'hectare).

Azote........................... 6 à 7 p. 100
Phosphate de chaux............. 12 à 15 »

Prix : 7 fr. 50 c. les 50 kilog.

Engrais pour vignes (250 grammes par pied).

Azote............................ 8 p. 100
Phosphate de chaux............ 15 à 20 »
Sels potassiques................. 4 à 5 »

Prix : 10 fr. les 50 kilog.

———

On remarquera que les prix que nous venons d'indiquer sont loin d'être aussi exorbitants que ceux de ces engrais étrangers, qui n'ont que l'avantage de venir de fort loin et d'être payés très chers, et qui, le plus souvent, ne donnent aucun résultat.

———

Nous terminerons ici ce que nous avions à dire sur l'équarrissage et ses produits; des détails bien plus longs auraient pu être donnés, mais nous eussions craint d'abuser de la bienveillance de ceux qui veulent nous lire. Il est vrai que les questions agricoles sont à l'ordre du jour; qu'elles reprennent peu à peu le rang qu'elles avaient perdu et qu'elles doivent tenir; dès-lors, tout ce qui traite de ces importantes questions a aujourd'hui plus que jamais un motif d'être favorablement accueilli. Nous espérons qu'il en sera ainsi pour les lignes que nous venons d'écrire, et qu'une fois de plus on sera convaincu que les biens que donne la terre sont les seules richesses inépuisables; que rien ne doit être épargné pour les augmenter, et que tout enfin fleurit dans un Etat où prospère l'agriculture.

TABLE.

9 782329 290652